花也 I Fiori

时尚 园艺 生活

花园生活精选辑3

花也编辑部 编

中国林业出版社

II花也Fiori

时尚 园艺 生活

总 策 划 花也编辑部

主　　编 玛格丽特－颜

副 主 编 小金子

撰稿及图片提供

玛格丽特－颜　篱笆小筑　桦　@ 拓东西南

蕊寒香　@ 药草花园　徐晔春　王梓天

RanHsia　慕容楚楚　昂昂　阿微

美术编辑 张婷

封面图片 最美的私家庄园——三棵树庄园

封面摄影 玛格丽特－颜

"花也"的名称来自于元代诗人许有壬写的"墙角黄葵都谢,开到玉簪花也。老子恰知秋,风露一庭清夜。潇洒、潇洒,高卧碧窗下!""花也"是花落花开,是田园庭院生活,更是一种潇洒种花的园艺意境,是对更自然美好生活的追求。

花也编辑部成立于 2014 年 9 月,其系列出版物《花也》旨在传播"亲近自然、回归本真"的生活态度。实用的文字、精美的图片、时尚的排版——它能唤起你与花花草草对话的欲望,修身养心,乐在其中。

《花也》每月还有免费的电子版供大家阅读,登陆百度云 @ 花也俱乐部可以获取。

花也俱乐部 QQ 群号: 373467258

投稿信箱: 783657476@qq.com

花也微博

花也微信

图书在版编目 (CIP) 数据

花园生活精选辑 . 3 / 花也编辑部编 . -- 北京 : 中国林业出版社 , 2017.7
(花也系列)

ISBN 978-7-5038-9147-2

Ⅰ.①花… Ⅱ.①花… Ⅲ.①花园-园林设计 Ⅳ.① TU986.2

中国版本图书馆 CIP 数据核字 (2017) 第 152115 号

策划编辑 何增明　印芳

责任编辑 印芳

中国林业出版社 · 环境园林出版分社

出　　版 中国林业出版社

　　　　　　（ 100009 北京西城区刘海胡同 7 号)

电　　话 010-83143565

发　　行 中国林业出版社

印　　刷 北京雅昌艺术印刷有限公司

版　　次 2017 年 8 月第 1 版

印　　次 2017 年 8 月第 1 次

开　　本 889 毫米 × 1194 毫米　1/16

印　　张 7

字　　数 250 千字

定　　价 48.00 元

NO CHILD LEFT INSIDE

　　美国作家理查德·洛夫在《林间最后的小孩》书中提出的"自然缺失症"(nature-deficit disorder)，已经成了一个当今社会不容忽视的问题。现代都市儿童对大自然的体验越来越少，他们不认识花草树木，不知道每天吃的粮食是怎样长出来的；即使到了户外，也不能体会和感受自然，不由自主地被电子产品吸引了注意力；更严重的是，孩子中抑郁症、自闭症、注意力缺乏等心理健康问题的比例也越来越高。

　　NO CHILD LEFT INISIDE，这句话直译的意思就是："没有小孩留在室内"，这是美国政府在 2009 年推出的一个法案，针对儿童"自然缺失症"现象的日益严重，敦促各州设立环境教育的标准，鼓励儿童到户外多亲近自然，去探索和发现，增加和自然相关的教育。

　　其实，自然缺失症现象不止存在于孩子中，也存在于我们自己身上。因为紧张的学业、工作，高科技电子产品的普及，人与人之间越来越缺少信任和沟通，我们不想、不愿、也越来越不需要出门。稍许空闲的时间，更愿意呆在家中，吃饭可以叫外卖、购物可以上淘宝、和朋友聊天有微信，而网络上更是什么都有，我们不需要看书、不需要种植，我们会为了一点小事和路人怒目而视，因为一句口角便拔刀相向；我们忘记了鸟语花香，忘记了滋养我们的大自然。

　　带上孩子，一起走进园艺吧，去看看花草，亲近自然生命，或者参与些有趣的园艺活动，园艺不仅是爱好，也是健康，更是我们生存的能量之源。

I花也Fiori 时尚 园艺 生活 Contents

06 最美的私家庄园——三棵树庄园

46 花园气质之阳光房圆舞曲

花开花落

植物专栏

玩转园艺

花园宠物

一起去采风

66 扒一扒欧洲月季和中国月季的来历

88 蕾丝捕梦网

84 薄荷炸天妇罗

100 假装在法国
甘肃金昌花海攻略

最美的私家庄园
——三棵树庄园

图、文／玛格丽特－颜

有一个地方，一直是我梦想中的花园，四月春天的柔柔细雨中去过，五月明媚的艳阳天去过，六月蝉儿鸣叫的初夏去过，每一次都是不同的美景，各种盛开的花儿，忍不住这个十月又开车冲过去了。人生中有些美，如果你没有去看过、经历过，根本不知道你曾经错过什么。

是的，就是三棵树庄园，也被花友们称为"中国最美的私家庄园"。位于南京江宁和马鞍山交界处的石塘竹海。

花园主人：三棵树（张先生）

花园面积：8亩

花园地点：安徽马鞍山

最早是在藏花阁论坛的邻家花园版块里看到三棵树庄园的，庄主放了几张图片，简单介绍了当时造园的过程，包括怎样把十亩地的半片山坡分成几层区域，怎样和工人一起花了整整三年时间挖树移石、造园种花……一下子被震住了，便心心念念一直想去参观。

第一次去的时候是2015年的5月，尽管那天乌云密布，雨下不停。然而也正是这样，三棵树庄主张大哥说："你的运气太好了，雨中的景致是最美的。"

细雨蒙蒙中，远山竹海都笼罩在一片雨雾之中，若隐若现；碧绿油亮的草坪、晶莹洁白的白晶菊；雨中粉色的蔷薇花瓣撒满路面，红色的藤本月季、紫色白色的毛地黄……所有的色彩在细雨中都格外地鲜亮和滋润，庄园的美丽像是弥漫在整个空气中，把人包围起来，每一寸脚步，每一次呼吸，都感受着雨中花园的浪漫气息。

第二次去三棵树的时候是6月初了，夏天已经悄悄来临，和雨中春天的灵秀不同，阳光下初夏的庄园，是灿烂的充满自然野趣的。碧绿的草坪上，还有两只孔雀在悠闲地散步，看到我拍它们，反而更加凑近过来，一路跟着我。

后来一次再去，有幸在三棵树住了一晚，第二天清晨在孔雀的啼鸣中醒来，一旁的竹林中有小鸟在对唱。小路和草坪上的露珠，在阳光照映下晶莹剔透，一旁的花儿在湿湿的地面上映出彩色的倒映。晨曦中的三棵树庄园，格外的静美。

庄园的最中心区域是碧绿的大草坪，红色屋顶的欧式建筑下，现在是"三棵树咖啡馆"，上层则改造成了民宿

三棵树庄园

三棵树庄园的名字来自于庄园坡地上的三棵巨大的红果冬青，秋天满树红果，非常壮观美丽！

这里本来是个废弃的林场，环境却是极好，庄主在马鞍山开婚纱摄影公司的时候，每天下午工作结束后，便会驱车到附近山里转悠，石塘竹海这一处也是他最经常来的地方。非常幸运，正好当时林场改革调整，他便抓住了这个难得的机会把这块地买了下来，经过很多年的打造，终于变成了现在的样子。

当然，在设计这个庄园的时候，也考虑到作为一个婚纱摄影基地的功能。虽然不是为了挣钱，但是可以维持庄园日常的开销，让庄园每一季都最美的呈现；庄园的美丽还留存在很多新人的相册里，这何尝不是另一种幸福和满足。对于庄主来说，这里更当是家人可以随时来休憩的后花园，种上自己喜欢的花草、布置想要的花境，所有的园艺梦想都可以在这里实现。

庄园里养了两只孔雀、两只猫、两条狗，现在又添了两只黑天鹅，它们
自由着快乐着。而两匹马和两只羊，则每天牵到庄园外的草场去

5 月，是三棵树庄园最美的季节，白色拱门上开满粉色的蔷薇，而一旁那棵巨大的三角梅也渐渐进入盛花期

精巧的布局

如何利用原有的格局和状态建造庄园，同时也尽可能地将人工设计融入自然，这个不仅需要设计功力，更多的是巧妙的心思。

整个庄园是在一个山坡上，地势是逐渐抬高的，庄主巧妙地利用坡地的起伏把整个庄园分成了三层。

中间一层也是庄园最中心的区域，围绕着一块碧绿的大草坪，草坪中间有个小的中岛区域，布置了红色陶罐、日式石灯、搭配着高大的毛地黄、黄色玛格丽特、红色虞美人和白晶菊。

草坪的左边是连着的几排房子。日常生活起居房子隐蔽在几丛高大茂密的竹子后面。一个可以活动的小屋子在起居室前面。在这里，三棵树大哥做饭、喝茶上网，在整个的 5 月里，每天看着美丽的院子，舒心惬意。

两层红顶的欧式房子，一直是这里最醒目的建筑物之一。还有一个巨大的可以活动的玻璃暖棚，那棵开满紫色花的巨大三角梅便是在这个位置。每年的春天，玻璃阳光房拆去一半，然后等冬天来临的时候，再把玻璃房整个地安装起来，也正好

把怕冷的不能露地过冬的三角梅包围在阳光房区域里面。而另外一些怕冷的一些植物也会被搬进来。阳光房的二楼还是个育苗区，冬天整齐的苗床一层层堆满了整个阳光房。到了春天小苗们正好可以移栽到室外，一轮又一轮的花季便不断上演。

连着阳光房的，便是这个醒目的红顶欧式城堡了。两层的小楼，楼前还有一块大平台，有台阶缓缓通向草坪区域。这两年进行了重新装修，开了"三棵树咖啡馆"，楼上还布置了四个房间，如果有机会一定要去住上一晚，清晨中的庄园，是另一种美丽。

一条两边开满白晶菊和黄色三色堇的小路把草坪和房子区域隔开，这个位置还有一块开满了月季和虞美人的小花园，这一处，春天的时候实在是浪漫到极致！尤其喜欢白晶菊盛开的小路

依着山坡的地势，是三层的叠水瀑布，汇集到中央的小水池

在缓坡的大草坪后面，庄主设计了一处带喷泉的水池过渡区。比草坪要高出一米多，水池后面还造有这样的欧式白色拱架，春天开满了粉色的蔷薇花，带着梦幻的甜香。后面则有高大的三棵树和茂盛的竹林做背景，掩映在一片苍翠中，白色的拱架、粉色的蔷薇、碧绿的草坪，层层而下。喷水池和廊架的右边尽头处，是一处三层的叠水瀑布，有专门的水泵不停地进行水循环，抽水上去，再从上面碧绿苍翠的竹林中一层层飞泻而下，两边是5月正盛开的粉色蔷薇，靠近水瀑处，更有很多喜湿的植物：铜钱草、虎耳草、玉簪、蕨类等，我还喜欢一旁的芭蕉，点缀得恰到好处，盎然而生动！

水池再往上便是三棵红果冬青的位置了，被半片竹林围绕，一条小路通向庄园的尽头，那边还有工具房、木工房，以及养马和养羊的隐蔽区域。穿过竹林，来到庄园的最高处，大树掩映下，竟然还有一个小型的游泳池。庄主说冬天下雪的时候在这里游泳，远山竹海环绕，覆盖着皑皑白雪，宁静得像是拥有了全世界。

进门处地势是最低的，这里是作为摄影基地来设计的，台阶的左边是一小片草坪，有一排黑瓦带走廊的平房，漆成了蓝色；连着的是灰色的教堂样房子和红色的城堡样房子，右边则是拱门、草坪和小块的花境区，整个氛围和上面的氛围不同，也用台阶、矮墙和月季的拱门做了明显的分割。

过渡部分是一大一小两个喷水池，有锦鲤游弋其中。矮墙栏杆往上是三棵红果
冬青的位置，往下则是中心草坪区。这里也是三棵树庄园的视觉最中心的位置

植窝

——不打药的屋顶生态玫瑰园

图、文／玛格丽特-颜

成都真是卧虎藏龙之地，在见到颜辉之前，我根本不知道国内也有这样钻研植物种植的技术大神。好吧，不止是技术大神，花种得好，人长得帅，随手做点美食，也是好吃好看到极致。

花园主人：颜辉
花园面积：1000 平方米
花园地点：四川成都

这些照片拍着感觉不是在露台上，更像是花园环境了。

屋顶花园位于四楼，1000多平方米，主要种的是月季。已经进入炎热的 7 月，况且露台上会比地栽温度更高，这里的月季却丝毫没有盛夏委屈的模样，蒙蒙细雨中，一株株都冒着茁壮鲜嫩的枝条，带着饱满的花苞。从春天开始，这批月季已经认真地开着第三茬了。能想象出春天盛开的时候是怎样的盛况！

旧树皮铺设的小径，非常生态自然

我最开始关注的是这些月季怎么到了炎夏还能长那么好，一定施很多肥？

"真的没有。"颜辉说。

其实网上那些爆盆的植物只要养护得当并施以足够的肥料，做到并不难，但是催肥后开花的植物容易耗尽能量，连续2~3年之后植物也就差不多到了生命的尽头。如何让植物自身健壮，再补充适当的肥力，这才是种好花的关键。

"夏季肯定是不施肥的，奥绿之类的缓释肥在冬天也会施一些，6个月的肥效，基本到夏天的时候肥力就用尽了。"颜辉解释说。

最关键的还是介质，泥炭椰糠有机质的合理配比，还有添加适当的生物菌，微生物系统让土壤肥沃，也让植物生长更健康，其实这个也是减少植物病虫害的关键。这个配置是颜辉的秘方。

泥炭椰糠有机质的合理配比，再添加适当的生物菌，也是减少植物病虫害的关键。

火山岩中生长的三叶草

草坪上的小花石竹

蓝色桔梗和白色洋甘菊

小番茄"豌豆公主"

不打药的秘诀——生态种植

对于颜辉的坚持不打药原则，我还是极其纳闷。

为什么这么多月季不用打药却一棵棵都长得那么好呢？月季不是一直有"药罐子"之称么？

我的小院里也是种了很多年月季，每到春天，就开始有了蚜虫，紧接着红蜘蛛、青虫，白粉病和炭疽病更是经常光顾。我不喜欢打药，所以每次面对月季这一身的病虫害苦恼至极，特别是蚜虫，繁殖能力超强，从早春开始便不停地侵害植物了。月季多数都长得一般，所以院子里种得最多的还是较少病虫害的铁线莲。

颜辉对付蚜虫，用的是生态的治理方法，比如蚂蚁和瓢虫。

蚂蚁会把蚜虫搬到窝里，吃蚜虫分泌的蜜；

更厉害的是瓢虫，颜辉说，平均每株月季上有 20 个左右的瓢虫就能达到平衡了。

瓢虫的幼虫主要吃红蜘蛛、蚜虫和蓟马，生长期食量非常大，比成虫还能吃。

院子里还有不少螳螂，主食和瓢虫一样，现在可真不容易看到了。

月季叶子上经常能看到瓢虫蜕的壳粘在上面，因为下雨，瓢虫都躲起来了。

天晴的时候在花园里转悠，偶尔还会被瓢虫咬一口，可疼了。

不过这些虫虫是颜辉的宝贝，他说："要来我的花园耍，除了不能碰我的植物，还不能碰我的虫虫。"

偶尔在几根嫩枝上发现了蚜虫，颜辉说："也会有的，尤其是最开始的时候，瓢虫还没到一定的数量。"

但是，一定不能打药，打药虽然杀死了害虫，可是同时也杀死了瓢虫之类的益虫。

一定环境下，害虫会继续产生，那时候已经没有天敌了，必须再打药，于是陷入恶性循环，生态平衡也遭到了破坏。

"青虫这些咋办？我最近可为那些吃光月季叶子的虫子们头疼了。"我问。

"有鸟呀！花园里要种些能结果的植物的，吸引那些小鸟的光顾。"

颜辉太太思岑笑着说："每天早晨，叽叽喳喳的好多小鸟，除了吃虫子，也吃果实，我们只能捡漏。"如果打了药，小鸟也就不来了。

露台上月季的病害几乎也没有，偶有叶片上感染白粉，也不会泛滥。

其实不能碰的还有他的草坪，拍照的时候一不小心踏到了草上，他立刻制止。
这个草坪也是屋顶花园生态的一个部分，不仅是可以为露台降温，茂盛的草
坪也是生态群落里不可缺少的组成，不知道这些草丛里躲着多少生物呢

露台上有 200 多个品种的月季

月季的修剪

另外，月季如何长得好，修剪也是门学问："从春天开始第一茬花期后轻剪，第二次再重剪，第三茬再轻剪；冬季的修剪则严格按照每个品种的标准来。"颜辉介绍。

颜辉说，国外对于植物的研究极其严谨，每一个品种培育出来后至少经过 10 年的培育、适应才投入市场，对于修剪的高度，他们也是经过最科学最合理的论证，所以照着做就好。

关于植物养护修剪的问题，我一直很粗放，只是运气好，多数植物没那么严格，养得还不错，不过月季却一直养不好，原来还是需要科学啊！

露台木质的围墙边，还有一株巨大的龙沙宝石'皮尔德罗萨'，也是这几年花友们疯狂追捧的品种。龙沙宝石在 2006 年大阪玫瑰展上第一次展出，当时一下子就惊呆了所有的专家爱好者。颜辉说，露台上的龙沙宝石是当年大阪展会上收回来的母本。

另外，欧洲的品种会比日本的更强健，像蝶舞之类的日本品种要到第 5 年才能强壮起来，"不着急，合适的环境，等植物自己苏醒。"

露台的地面处理也非常讲究，至少有 5 层，最底下一层做的是阻根层，防止植物的根系穿裂地面；第二层是防水；第三层用的是特殊的无纺布，可以整体平均湿润地面；第四层铺的是椰糠，保水保肥的同时，也可以为露台降温，之后再在上面铺地板石块等小路，以及周边的草坪，整个露台形成一个健康的保温保湿的小环境。

露台花园 2016 年 3 月才开始运作的，从设计到施工，颜辉全部自己动手。

屋顶的这些月季是 2016 年春天露台建设时从另一个基地搬过来的，多数都是 5 年以上的大苗，有 300 多个品种。

我终于还是忍不住问颜辉了："你到底有多少种月季啊？"

"2000 多种吧！"

植寤 – 植物苏醒的空间

　　花园总是要有个名字，合伙人劲松是四川美术学院毕业的，虽然常年做地产项目，那份文艺的情怀却一直保留着。

　　他说叫"植寤"吧！在《诗·周南·关雎》有一句："窈窕淑女，寤寐求之。"

　　寤字，是苏醒的意思。在这里，是一个体会植物苏醒的空间。

　　寤字还通"悟"，有觉悟、认识的意思。

　　只有对植物珍爱到心底的人才能感触植物带给我们的灵魂之沟通吧。

　　植物世界是一个神奇的美妙的，更是创意无限的世界，像颜辉这样，爱到极致，钻研到极致，也玩到极致，是所谓"植寤"的境界了吧。

　　除了研发品种和研究技术，颜辉对收集植物的热情也是到了痴狂的地步：有从不丹的虎穴寺带回的青苔，还有的来自欧洲的某个古堡，了解颜辉的爱好，朋友从国外回来的时候，也会从一些特别的地方给他带回青苔。

正聊着天，有两个预约的美女过来，颜辉便招呼一声跑过去做菜了。

上菜的时候忍不住去拍，不说食物的口味，摆盘的艺术也是极赞啊！

我们喝的是黑枸杞配洋甘菊的茶。几粒黑枸杞热水一泡，有蓝紫色的晕染渐渐绽开，飘荡着在茶杯里，像是渲染出的一幅画。

点心是颜辉自制的面包，很有嚼劲，中间夹着一层乳酪。

还有奢侈的玫瑰酱和柚子酱，都是颜辉自己做的。柚子是自己种的，绝对生态。玫瑰是颜辉专门改良过的，去掉了玫瑰的苦味，花瓣要比普通的玫瑰厚实，有水果的质感。

更讲究的是他用的不是普通的蔗糖。听说过椰子花蜜糖吗？这个昂贵且稀有的蜜糖，据说要20年以上树龄的椰子树的花粉，10千克椰子花粉才能提炼一斤椰子花蜜，我好幸运！

还有园子里现摘的西红柿，比樱桃更小的那个品种叫'豌豆公主'，特别迷你可爱。

后来颜辉太太还冒雨去给我们摘了一些白草莓，指尖大小，据说这样的草莓要20元一粒。

颜辉现在还有一种更新品种的白色草莓，几乎有手掌这么大小，在日本一粒的价格是60元，希望下次有机会能品尝到。

工作室室内的空间也是设计特别，整个屋顶刷成了天空的蓝色，还特别画了宫崎骏的动画。电梯入口处的一棵正开花的树，非常有韵味。

"植寤"工作室主要是作为朋友们聚会休闲的场所，现在也开始对外接待私人订餐，食材都是用最好的，甚至很多都是颜辉自己做。

篱笆小筑
——我的空中花园
图、文 / 篱笆小筑

花园陪伴我们度过了秋的萧索，夏的繁荣。花开花落，云卷云舒，如同生命的延续，让我们对未来生活充满了无限的构想，更陶冶了情操，净化了心灵，收获了一份份愉悦的心情。

——篱笆小筑

花园主人：篱笆小筑

花园面积：20 平方米

花园地点：安徽合肥

午后，一杯清茶，一缕沉香，一曲音乐，一本书，在我的空中花园享受暖暖的阳光，生活真的是无比惬意

偶然开始的露台生活

　　我家位于六楼，复式结构，七楼的南北各有一露台，加起来其实不大，共计也就20平方米左右吧（还包括那个巨大的排气烟筒）。当时买这套房主要是想住的离单位近些，再加上房型不错而顶楼又相对便宜，尽管没有电梯，却还是毫不犹豫地选择了，像是冥冥之中心意相通，从此开启了篱笆小筑的园艺生活。

　　刚开始有了露台的时候，对种花还没有太大兴趣，所以2012年装修时只是让工人简单地沏了花池和鱼池，也不知道花池要做防水（现在花池的防水成了不得不面对的问题，看来还是需要改造）。有了基础之后，才开始了简单的植物补充：从花市买了一棵株型很好的桃花，种在小木屋旁；还从淘宝买了葡萄架，种上葡萄、美人蕉、牵牛花、指甲草等容易打理的花卉，于是就有了那么点花园的样子。

木墙和葡萄架，是因为露台太小了，花草和杂货都不够放了，
只能往高处发展，打造立体的花园

有水有鱼才有灵气，鱼池里养了很多小鱼，是花市上卖的最便宜的那种，几毛或一元，便宜的多数都好养活，果然，几条小鱼很快就长大了，还生了 30 多条小鱼。为了给小鱼有个遮阴的空间，特地从网上买了一座小木桥，尺寸太大，不得不改小，又是画好尺寸，让老公改，花了整整四个小时。

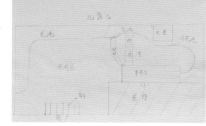

妇唱夫随的花园改造

真正的花痴折腾生活是从 2016 年开始的，像是突然开了窍，喜欢上了露台上的花园生活，就想着把露台打扮得漂漂亮亮的。加了很多花友 QQ 群，几个园艺大咖的微博、博客一个都不错过，还有《花也》电子版，每期都下载了看，最喜欢看别人家的花园栏目，给了我很多灵感。原来花园可以是那个样子的，原来还有那么多美丽的花草。

所以从去年开始，我们进行了露台大改造。我负责设计、算好尺寸，买好木材，老公负责安装和搭建，最后我再刷油漆，继续逛淘宝、买花草、买杂货。忙碌的一年，也是收获最大的一年。

那段时间，几乎每个周末都没闲着，绑定老公做木匠，除了小木屋，还有木墙、窗户上面的防腐木架子，铺防腐木地板，安装、搭建入口花拱门，木桥改小，改露台的排水管道等，搞得老公都怕过周末了。花园生活也让老公对木工的潜在爱好变成现实，同时把他一步步变成了木工、电工、水工等集于一身的全才。

露台上最得意的作品是这个绿色的小木屋，本来是个大排气烟囱，怎么看都特别突兀，便设计了这个木屋，把它三面包围了起来，刷了绿色的油漆，门当然也是假的，不过空间感立刻就出来了。木屋的搭建当然又是木匠老公的任务，我负责打样，计算好尺寸，然后找网上的图片让老公照着做，刷油漆和布置装饰则是我的事，两个人完美分工合作，很快小木屋也建成了，特别有成就感。

花草和杂货

　　我喜欢那种花境丰富的花园：高低错落的各种植物，盛开在不同的季节，很是烂漫。因为地方太小，露台不得不转为杂货花园的风格。当然，杂货也是我特别喜欢的，琳琅满目搭配着花草摆着、挂着，感觉生活也立刻丰富多彩了起来。还从农村亲戚家淘来的石窝、猪槽，虽然搬到七楼花了不少代价，但放置在花丛中给整个花园增添了乡村田园气息。

　　最喜欢的植物是月季、铁线莲、应季草花和玉簪。去年从网上买了铁线莲、绣球、风车茉莉、欧洲月季等花苗。由于图便宜买的都是牙签苗，今年花只能是一朵两朵的开，不过能活下来我就已经很开心了。月季'夏洛特'和'红龙'今年都开得特别好。买了十几棵铁线莲，有'总统'、'乌托邦'、'约瑟芬'等；还特别喜欢绣球，绣球不生病，又开得好看，去年的两棵'无尽夏'今年开了很多的花，看着好美，忍不住又买了好多棵，明年的露台一定会更美。

享受花园的阳光午后

经过两年的折腾，我已掉入花坑不能自拔了，伺花弄草已经成为我工作之余近似痴迷的生活方式。闲暇时坐在露台上，听树枝上鸟儿鸣叫、看鱼儿嬉水、品茶阅读，人和自然和谐相处，这种快乐无与伦比。

我们和花园一同成长，露台花园繁茂美丽，也增添了我对花园摄影的兴趣。

花园里还有"雪球"，一只博美犬，随着花园越来越丰满茂盛，它的活动空间也越来越小。看来是时候给花园做减法了，去掉那些表现不好的，爱花也不能太贪心。

不喜繁华，不喜喧嚣，喜欢静静地坐在这个角落，默守一段文字，静听一首音乐……午后，一杯清茶、一缕沉香、一曲音乐、一本书，在我的空中花园享受暖暖的阳光，生活真的是无比惬意。

在将近知命之年，能在喧闹的城市，把忙碌当享受，过平淡的日子，爱花爱生活——这就是我要的幸福。我相信，生活不只是眼前的苟且，还有花园和田野。

TIPS

主人小贴士：

了解植物的习性，喜阳还是喜阴，还要考虑色彩的搭配，植物的高低错落，把它们放在合适的位置。比如池塘边的日照很差，便种了绣球和玉簪，花园的整体氛围营造是最重要的。

夏日炎炎・园丁备忘录

图、文 / 玛格丽特 – 颜

园丁最不喜欢的就是夏天了，酷热难耐、蚊虫又多。
不要怕，本期来说说新手园丁夏日花园里遇到的一些问题。

除了那些不怕热的植物，
我们还是需要适当地给花园降温。

降温秘笈

＊ 遮阳网，淘宝上可以买到，根据面积大小，如果一层不够，不妨安装两层；

＊ 花园设计的时候布置个葡萄架，也可以带来一片阴凉；

＊ 阳台试着放个电风扇。空气的流通能帮助植物度夏；

＊ 在植物周围浇水，水分的蒸发会降低整个环境的温度。

浇水注意事项

1. 早晚浇水，切记不要在中午阳光炙热的时候浇水，不然叶片里的水分会更快蒸发。

2. 一般水管里出来的自然水会比较凉，最好放置一段时间，让水温接近空气温度，不然植物容易感冒，影响生长。

3. 干透的盆栽植物用浸盆法，可以保证植物充足的吸水量。

蚊子太多怎么办？

真的没有办法，花草植物多了，蚊虫自然也会多。如果要去花园劳动，喷上足够的驱蚊水吧，或者长衣长裤。

不要让院子里积水，可减少蚊子幼虫生长的空间，降低蚊虫的数量；或者院子里装个灭蚊灯也会有效果，上一辑还介绍过用容器装上红酒诱捕蚊子的方法。

什么植物能驱蚊？

经专家研究，驱蚊最有效的三种植物是香茅草、薄荷和芳香天竺葵，也就是常说的驱蚊草。

不过，院子里即使种满这些植物也是没用的，香味需要挥发出来才有驱蚊效果，可将叶片适当捻碎来试试。

推荐几种冒着酷热盛开的草花

美女樱

记住是细叶裂叶美女樱，耐热耐寒，还是多年生的。

舞春花

也叫小花矮牵牛，颜色非常丰富，花量极大。

太阳花

有两种，都非常耐热。扁扁叶子的叫马齿苋、细长肉质叶片的叫松叶牡丹。

百日草

菊科的一年生草本，开花非常显眼，极其耐热。

千日红

苋科的一年生植物，喜阳光、喜干热，还可以用来做干花。

一串红

酷暑开花，花期长，适应性非常强，还有一串紫、一串白，园艺品种花色越来越多了。

紫茉莉

也叫地雷花、夜饭花，傍晚的时候开花，带来满园的幽香。

万寿菊

也叫孔雀草、臭芙蓉，有一点点臭香。从春天到秋天都会开花，夏天表现依然很好。

茑萝

也叫五星花，夏天藤本中的开花美女，分外妖娆。

园丁新手 · 园丁九月备忘录

图、文 / 玛格丽特 – 颜

1. 收种子

一串红、万寿菊、凤仙花、鸡冠花、牵牛花、茑萝等可以采收种子，等明年春天 3~4 月再播种。

2. 花园植物日常护理

三角梅，夏季的控水你做了吗？如果没有，9 月可以继续进行，这样 10 月早晚有了更大温差的时候，三角梅就开始茂盛的花期了。

夏天是多数植物休眠的时候，一般都不施肥，9 月可以开始给花儿们施肥了，液态肥或缓释肥会更干净有效。

如果你的多肉植物顺利挨过了夏天，到 9 月可以逐步正常养护了，记得不要一下子接受强光的照射，浇水在早晚进行。

铁线莲和月季也度过了炎夏的休眠期，9 月温度降下来后，会开始萌发新芽，记住可以逐步施肥，浇水继续"见干见湿"。

部分秋冬开花的酢浆草可以开始种植，郁金香、立金花、葡萄风信子等球根可以预备起来了，不过最好等 10~11 月天凉了再种。

秋播进行时

 九月，也是园丁开始播种的季节，一般来说，秋播的花卉主要是指两年生草花，秋天播种，第二年春天开花。

 气温在 25℃左右，秋播就要开始进行了。适合秋播的花草：三色堇、角堇、羽衣甘蓝、虞美人、花菱草、樱草、紫罗兰、香雪球等早春开花的植物，都可以开始播种，最迟不要晚于 10 月底。

虞美人、花菱草

 播种后 1~2 周发芽，来年 3~4 月开花，种上一大片会非常好看，也可以播种后留着小苗，等 10~11 月和球根植物混植，有更好的效果。

樱草、报春花、紫罗兰等

 小苗发芽后及早定植，在江浙沪可以户外过冬。定植后注意及时浇水，小苗对水分的要求更高。

香雪球、雏菊、角堇

种子都非常细小，一般播种后 5~10 天发芽，适合做花坛围边，或者混色一大盆，也很好看。

羽扇豆、毛地黄

穴盆播种的话，出苗后要及早定植，保证充足的阳光和施肥。建议直播后不要移栽。直播可以在 10 月进行。

旱金莲

种子外面有厚厚的外壳，播种前最好浸泡1~2天，待外壳软化。

小苗不耐寒，不适合露地种植；冬季阳台上盆栽越冬。

耧斗菜、风铃草

种子发芽很容易，注意秋播苗也许会等到第三年春天才开花；春播的话则是第二年春天开花。

播种准备

1. 秋播的种子：选好适合秋播的种子，淘宝上可以买到。自己采收的种子可能会退化。

2. 土壤介质：选择疏松透气的细粒泥炭土（播种专用泥炭更好），适当加入珍珠岩和蛭石，增加透气性和保水性；千万不要在院子里挖泥巴土播种了。

3. 播种容器：没有特别要求，可以园土直播，可以花盆混播，专业点则可以选择播种穴盘。

4. 缓释肥：播种的介质里可以适当加入缓释肥，一般会保证3~6个月的肥力。

5. 喷水壶：喷雾状的水壶可以防止浇水时冲散种子。

6. 标签：记录下种子名称及播种的日期。

播种注意事项

1. 种子一般分喜光性及嫌光性，喜光性种子直播在土壤表面，嫌光性种子则需要表面覆土。

2. 种子发芽温度一般在15~25℃之间，建议参考不同种子的播种温度。

3. 穴盘播种，建议每穴2~3粒种子，旱金莲之类的也可以每穴1粒。

4. 保持播种介质湿润，可以经常喷水保湿，如果空气太过干燥可以覆膜增加湿度。

5. 出芽后需要逐步增加日照，防止徒长。

6. 长出3~5片真叶时可以定植，直根性的如波斯菊等则最好直播，不要移栽。

7. 小苗发芽后半个月之内最好不要施肥，不然容易肥烧；后期逐步增加水溶性肥料。

8. 薄肥勤施的原则，几乎适用于任何花草。

9. 有些植物记得及时摘心，可以产生更多分枝，春天开花会更茂盛

十月园丁花事

图、文／玛格丽特－颜

秋天是又一轮草花盛开的高峰，和春天粉色蓝色的柔美不同，
秋天的色彩更多是红色黄色，热烈、成熟。

一串红

　　小时候特别喜欢一串红，摘下花心，舔一口，会有甜甜的蜜汁。现在有了更多色彩的园艺品种，奶油黄、深紫、杏红等，也改变对了一串红千篇一律大红的印象。一年生草本，花后可以收种子，明年春天再种。

随意草

　　也叫假龙头，其实是多年生的，每年的9~10月，就开始了花季，它的花序可以任意调整方向，颜色多数是粉紫和白色。

菊花

　　菊花是我国的传统花卉，大多数菊花在10月中下旬开始盛开。9月花蕾酝酿期，会对肥水要求增高，不能缺水，并及时施肥，保持阳光充足。

荷兰菊

　　也是秋季花期，很像小时候特别喜欢的马兰花，花后及时修剪，还会继续开花，花期可以持续到11月。

鼠尾草

　　鼠尾草是特别的好同志，从春天一直开，不同的品种此起彼伏。到了10月，则主要是'墨西哥'、'红花'等品种的天下了。

波斯菊

　　特别喜欢蓝天下粉色白色波斯菊的飘逸。波斯菊从播种到开花只要2个月的时间，4月播种，6月开花；8月播种，10月开花。

球根植物该种啦！

喜冷凉的球根花卉如郁金香、风信子、洋水仙、铃兰、番红花等，基本到了 10 月就可以开始露地栽培了，也可以更晚一些，到 11 月底。

葡萄风信子

每年复球，也特别容易养护，一到秋天就开始发芽长叶。但是控制不好容易叶子太长，披头散发的，影响美观；另一方面，叶子吸收太多营养，也会影响后面的开花。

窍门是：在种下新球或复球的盆栽时浇透水，先放置在遮阴处，让球根长根系。发芽后控制浇水，并有足够的阳光。这样叶子绿而短，顶上一串串小葡萄非常好看！

如果管理不当，叶子长太长，可以剪短，修剪后的叶稍会有些发枯，但是不影响开花。

风信子

一般球根在 10 月种植，2~3 月开花。很多花友种风信子容易夹箭，就是花茎没有长高，花却窝在叶子里开了，这样花开得少，还很难看。窍门是：在风信子刚种下的时候，浇透水后放在户外避阴处，不要阳光直射，先让球把根系长好，大概两周后再拿出来晒太阳就可以了。

郁金香

秋天 10~11 月种下球根，地栽或盆栽都可以，浇透水。第二年春天 3 月底至 4 月开放。郁金香属长日照花卉，生长期需要充足阳光。耐寒性强，我国大部分地区都可以露地越冬。不过北方地区花期会稍晚。

郁金香混植的效果其实也蛮好看的，不过在选择混植球根的时候，要注意开花的高度和时间要大致一致，花色上也要考虑它的协调和美观。

TIPS

1. 秋季，也是多肉植物生长迅速的季节。充足的水分和光照，施肥、扦插等都可以进行，另外，早晚的温差让肉肉们展现最美的色彩。

2. 观叶植物 10 月是适宜生长的季节，喜热不耐寒的香龙血树、富贵竹、袖珍椰子、虎尾兰、竹芋、肖竹芋、花叶芋等。在 10℃ 以上仍能生长。这个月是最后的施肥时刻，有部分会因为低温的到来进入缓慢生长期，要严格控水。低于 10℃ 后开始入室，保持空气流通。

3. 藤本月季、铁线莲等多年生植物在凉快的秋天会再次开花，应及时浇水、施肥、杀虫、修剪残花。

4. 秋播的小苗应该已经发芽，一般在 2~4 片真叶长出时就可以分苗移栽定植了。

5. 花期持续了整个夏天的玉簪、百子莲、蜀葵等可以分株，铺底肥重新栽种，也利于植株的强健，来年开更多的花。

6. 穗花牡荆、天人菊等及时修剪残花，还能延长花期。

7. 罗勒、迷迭香等香草植物这个季节采摘晒干，可以保持更长的时间。

8. 经过 8~9 月的控水，三角梅开始秋季的盛花期，记得还是要施肥和浇水，保证持续的花量。

花园气质之阳光房圆舞曲

图／桦　文／桦　玛格丽特一颜

露台、蓝天白云、微微鼓起的白纱帘、美丽的背影！她说这是她做完这阳光房纱帘后的自拍，纱帘是她自己网上买的布料自己缝制安装的。这个故事这个画面瞬间捕获了我的心。

人美不美？看气质！花园也是如此，看过很多花园，大多千篇一律，能让人一下子就记住的花园并不多。桦的花园是独特的，她崇尚细节，追求完美，对植物的摆放位置都是一丝不苟。这样一个有着高要求的女人，当然值得一个高气质的花园。我想迫不及待地把桦的这间阳光房展示在大家面前，也许你也能从中找到灵感，给你的花园来一次改造之旅。

因为喜欢，桦经常会看园艺类的书籍和图片，凡是有布艺装饰的图片更是挪不开眼睛。所以她的花园里也特别喜欢使用诸如桌布、靠垫之类的布艺装饰品。

桦在她的花园里搭建了一个阳光房。屋顶全玻璃的，冬季的成都少有阳光，阴冷而潮湿，阳光房里的温暖便显得格外珍贵。这个季节，栏杆上的天竺葵却是开得热闹，华丽鲜艳的色彩，让阳光房顿时有了生气。

而到了夏天，打开所有的窗户，让微风吹进，栏杆边的月季和天竺葵郁郁葱葱，蓝雪花开着茂盛的大片蓝色，像是夏日的一抹清凉，尤为难得。在天气不那么炎热的时候，桦特别喜欢待在花园里发呆、喝茶看书或是听听音乐，看窗外云卷云舒。这时候最想要的是一张舒适的椅子，柔软的靠垫，还有一块美丽的遮阳帘。

桌布、靠垫、烛台等装饰品，让阳光房充满了生活气息

桦的阳光房主要色调是蓝和白，清爽优雅，侧边是蓝色的木栅栏，背后的木栅栏则漆成了白色。木椅子上的靠垫也是相间的蓝色和白色，原木色的桌子上铺的蓝色桌布也相映成趣，而黑色的烛台则立刻让整个花园沉稳了起来，再插上一束鲜花，有时候是粉色系的欧洲月季、百合和绣球花，浪漫的温柔的；有时候是一束金色的向日葵，热情的灿烂的，心情也会跟着花儿一起阳光着，坐在花园里，更不想离开了。

有时候也邀请朋友一起过来，喝杯茶、聊聊夜话，顶上的水晶灯闪烁着迷人的光芒，闻着周围花儿的清香，慵懒地蜷在椅子上，让人不想离开，就这样，或许等月亮升起，等微风轻拂，等远处的星空渐渐深蓝到发黑，便迷醉在这夜色中的花园里了。

花园除了植物，布艺以及其他物品的陪衬，能让花园生活更加舒适和富有情趣，带着主人独有的气质。

浓浓的地中海风情，精致的装饰、美妙的色彩，无一处不洋溢着幸福，爱生活的女人也被生活所爱

广州老西关里的梦想花园

《梦想改造家》第三季第6集极限挑战百年老宅

图、文／@拓东西南

设计师介绍

拓东西南，植物设计师，一个爱玩假装跨界的"植物人"，喜欢各种花花草草，乐于和大自然做朋友，中度发烧徒步爱好者，华为手机拍照玩家，闲时玩玩花艺、手作、咖啡、美食。同时又是一个理想主义者，目前在从事自然教育工作，除了希望引导城市孩子们通过自然观察能与大自然产生感情的连结，更是期望在乡村社区和城市空间结合模式的探索上找到乡村发展的机遇。

老西关的梦，在风雨飘摇无数年后，它躲藏进了狭窄的巷弄里。岁月的沧桑，在城市这一端表露得淋漓尽致，昏黄不接的路灯下，老墙斑驳，石上青苔，繁华褪尽之后的一切都变得平静而从容，像是寡言的老人，即使是对老街深有体会的人们，站在这里，故事也无从讲起。这是一种尴尬，但它又合乎梦想发酵的一切要素，关键在于怎样去重拾那些生活的点滴、时光的碎片，而这一切，关乎生活的态度。

人的本源来自山川湖海、森林湖泊，这使得我们具有动物的天性，这也决定了我们对大自然所保留的无限向往，尤其是身居大城市的人们，所以很多人都梦想着有一个自己无拘无束的小天地，渴望与自然的亲密接触。所以这次参加《梦想改造家》第三季第 6 集极限挑

战百年老宅（2016-10-04 期）的改造设计项目，即是结合园艺的疗愈作用，希望通过设计来改变我们在家居环境中的心理反应，通过对园艺劳作的亲身体验，花草四季变化的感知，让身心随时保持一个健康的状态。

　　在本次设计项目中，配合家居的风格，整体的园艺设计都以极简为主调，大门口选用华南地区的常绿植物搭配水泥质感的盆器，高低错落，层次感突出，营造一种自然的环境，同时又强调大门的正面性。室内根据厨房、客厅、卧室等功能配置相应的植物盆栽和东方式花艺，让人如置身自然之境又能感受到中式家居的极简追求。阳台花园位置在顶层的西向，阳光相对整栋建筑比较充足，因此我们在这个小小的花园里加入薄荷、罗勒、迷迭香、紫苏等香草植物，最主要考虑到的是——主人的父母年纪较大并且他们的女儿对花粉过敏，所以除了这些香草植物外也避免使用其他开花的植物。我们的目的是借以这些香草的特效香氛，让年老的两位父母每天在这个香草花园里通过劳作、感知来自我调节身心，最后起到疗愈的作用，并且这些香草植物可以作为新鲜有机的食材满足主人喜欢烘焙的愿望。但这个小花园，它的可能性也许还不仅于此。

　　我一直相信设计的魔力，它不断改变我们的生活，甚至是颠覆我们的一些生活方式，而我最希望实现的是：设计能够努力去连接人与自然，通融人性的同时去尊重大自然，并让我们拥有更加积极和永续的生活态度。敬畏自然，只有这样，才会有更多实现的可能性。

梦改园艺赞助单位："绿色上海"专项　　　　　　化行业协会

本期绿植布置：广州棕榈园林股份有限公司

感谢上海卫视"梦想改造家"节目组提供图片

风雨兰已经在小小的蕊家杂院里占有半壁江山了，而我的
目标是将来有个大院子，铺一条边沿种满风雨兰的小径

风雨之后的彩虹——风雨兰

图、文 / 蕊寒香

有一种花，扛得住夏日高温，狂风，不惧高湿，更是最爱在大风暴雨之后灿烂盛开，它就是有风雨之后的彩虹之称的"风雨兰"。

作者简介

蕊寒香，家住四川成都，有一个小小的塞满各种花花草草的天台杂院，活跃在"陌上花"花卉论坛。目前主要爱好收集天竺葵、酢浆草、风雨兰、围裙水仙、郁金香、罗慕丽、拉培疏、原生唐菖蒲等各种小型球根，还热爱爬山看野花，不断接受各种植物的诱惑和挑战，并乐此不疲。

　　小时候，离家很近的一个公园里，有一片奇怪的草坪，四季郁郁葱葱，平时很不显眼，每到夏季大雨之后，就会突然冒出一大片白色的小花，带着雨露迎风招展，于是傍晚雨后去公园散步看花便成了一个童年甜蜜的回忆。长大后知道这个长得像小葱一样的小花叫葱兰。再后来，得益于神奇网络快速的发展，让我有了更多机会接触外界广阔的植物天地，才知道葱兰只是风雨兰这个大家族中的一种，这个家族有着好多好多颜色各异的品种。作为一个深度品种控，当然得不遗余力地收集了。通过近10年来努力，已经陆续收集了100多种风雨兰了，风雨兰已经在小小的蕊家杂院里占有半壁江山了，而我的目标是将来有个大院子，铺一条边沿种满风雨兰的小径。

　　风雨兰，虽然名字带兰，实际上并不是兰科植物，通常指原产于南美洲、中美洲等地石蒜科下 *Zephyranthes*、*Habranthus*、*Cooperia* 三个属的小球根植物，和我们熟知的热门花卉朱顶红是近亲。这 3 个属中 *Zephyranthes* 属最常见，品种最多，主要特征是花朝上开；*Habranthus* 属大多数品种为花侧开型；*Cooperia* 属为夜开型，常常傍晚开，带有香味。南方的许多城市绿化带常见白色的葱兰（*Z.candida*）、粉色的大花韭兰（*Z.carinata*）和小花韭兰（*Z.rosea*）就是 z 属中较早引进的几个品种，已成为地被植物，花境边缘植被，甚至逸为野生。

　　虽说风雨兰不仅叶子形态类似葱、韭（因此又得名葱兰、韭兰），地下膨大的球茎也和蒜头葱头相似，但是作为石蒜科的一员，其毒性很大，切记千万不可当做葱韭误食。它的侧开花型似百合，又常在夏秋季雨后开花，于是又有了个好听的名字——雨百合（Rain lily）。花的颜色也如彩虹般多彩，除了常见的白色粉色，还有红、黄、蓝、橙，复色，条纹等系列，近年还新出了很多重瓣品种，更是丰富了风雨兰的花型，当然价格也不菲。

风雨兰植株娇小，花的颜色也如彩虹般多彩，常用于花镜的最前层次，或者路径两侧

性喜阳光，耐高温高湿，也耐旱，浇水可以真正干透浇透，
往往在这样干湿交替之后，能大量开花

风雨兰的养护

风雨兰其实是很强健的球根，除冬季外，春夏秋都可以栽种，栽培介质不拘，只要不是太黏、容易积水的介质，即便是一般的园土加些粗砂也可以健壮生长。性喜阳光，耐高温高湿，也耐旱，浇水可以真正干透浇透，往往在这样干湿交替之后，能大量开花。如此粗放的管理，这对于爱在 7~8 月外出游玩的我来说，简直太省心。管它什么持续高温，什么暴雨来袭，身在外地，丝毫不会为它担惊受怕，依然可以愉快地玩耍。哈哈，最多错过了欣赏其花姿，心里有些小小的遗憾。即便如此，也不用懊恼，因为在整个夏季到秋季，风雨兰都会一波接一波地连续不断开花，错过了一次没关系，还有很多机会照样可以欣赏到它盛开的美景。

在花期集中的夏秋季，要多施磷钾肥；冬季低于 10℃以下，可以采用强制断水，让它休眠，使之安全过冬。春季气温 15℃以上恢复浇水，气温升至 25℃以上，就会开始开花。少有病虫害，偶有根螨、线虫和长期积水引起的烂球，做好相应预防工作即可。

大多数品种在种植 1~2 年后可以分株繁殖，也可以在花后 10~15 天采收新鲜成熟种子，立刻播种繁殖（种子越新鲜，发芽率越高）。不能马上播种的，种子可以放冰箱密封冷藏保存。新鲜种子播种 7~15 天就可以发芽，大多数播种苗一般 1~2 年左右就能开花，小型品种甚至不到一年就可以开花。因此，有了一棵爱开花爱结种子的风雨兰，1~2 年后，你就能有一盆慢慢开爆的风雨兰。如此优秀的夏季开花小球根，你怎么能不种上一些，丰富你家夏季的花园色彩呢？

月季秋季的修剪与施肥 图、文／药草花园

现代 - 杂交茶香月季
第一号 - 法兰西

秋季修剪与施肥的要点

秋季修剪的要点不是剪多少，也不是剪哪里，最最重要的是先看看你的"玫瑰女神"在经历了酷暑洗礼后现在是个啥样子。根据它的度夏状态，才能决定怎么修剪，剪多少，剪哪里。

也就是说，经过一个严酷的夏天后，很多"女神"都已经蓬头垢面，容颜不再了，这时候你不分场合的下手狠剪，然后大肥大水，结果就是叫它体力耗尽，最后香消玉殒。

秋季修剪主要是针对灌木，也就是直立型的月季。藤本月季和蔷薇、古典玫瑰这些只开一次花的基本不需要秋季修剪。

修剪前，观察月季生长状态，也就是数数它的叶子。根据叶子的数量，我们把它们分为三种状态，分别是病危、亚健康和强健这三种。

作者简介

@药草花园　本名周百黎，家住上海，喜欢香草，玫瑰，宿根和所有的花花草草。喜欢越过高山大海去看各种原生植物，也喜欢在人山人海里分享种花种草的经历。

波浪花形的天使面容

1. 对于"病危"的月季

如果月季剩下的叶子不多，甚至已经落得光秃秃的，这个状态我们就可以称它为病危。对于病危的月季，最重要的事情是让它恢复健康。所以这时我们选择不修剪，让它慢慢恢复体力。

有人会问，不修剪秋天它还会开花吗？对不起，开花对于一个重病号来说等于是带病干重体力活，要是你是这棵月季的亲妈，这个花季你最好就别让它开花。

当然，如果有些枝条完全枯萎了或者枯萎了一半，我们还是要把这些枯枝修掉的。

对于病弱的月季，浓厚的肥料也会增添身体的负担，在它冒出新叶前最好只给予清水和少量的活力剂。在新叶长出之后，再慢慢开始逐步添加肥料。

经过一个凉爽秋天的修养，虽然株型很难看，但是身体状态恢复了，我们在冬天再修剪它，就可以让它美美地迎接明年的春季了。

2. 对于"亚健康"的月季

如果月季剩下的叶子有 1/3 或 1/4 左右，这个状态我们就可以叫它亚健康，亚健康的女神可以让它在秋季开一些花，但是不要做太高的期望。

在修剪之前，有一个不传之秘，我们要先施肥。大约提前一周施给稀薄的液肥，让月季补补身体，待到体力强健一些，再来修剪。

经过夏季的落叶，月季保留的叶子多半是在头顶，所以修剪只能进行非常轻度的弱剪，尽可能地在植株上保留较多的叶子。

首先我们剪掉那些细弱和叶片枯黄的枝条，继而剪掉冒出花蕾的部分，最后，把头顶剪成一个圆球形。

月季搭配鼠尾草

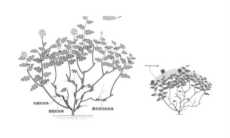

注意：亚健康的月季修剪后体型也不是太完美，和病号们一样，它们要真正恢复到女神的样子还要待到冬剪结束。

修剪完成后，我们开始进行秋季的施肥。这次施肥是秋季开花的保证，所以非常重要。我一般选择缓释肥，比如奥绿的月季专用肥。

在施肥前，最好先拔去杂草，特别是地栽的时候。不然的话，大好的肥料就被杂草吸收了。然后用耙子松动表面土壤，放入适量的缓释肥埋好即可。

3. 对于强壮的月季

这时的月季如果还能剩下一半以上的叶子，一般可以归功于两个原因：一是主人的精心照顾，二是本身的品种强健。对于这样的月季，我们完全可以期

待她再来一场深秋秀，当然这场秀秀得好不好，就要看我们伺候得到位与否了。

修剪要领还是从病弱枯萎的枝条开始，完全修剪掉这些枝条。然后，把整个植株剪去 1/3 左右的高度。

注意：每根枝条至少要剩下 3~4 片叶子。

修剪后，用耙子松动表面土壤，放入适量的缓释肥埋好。

月季搭配鸢尾

这一切完工之后，我们就可以静待美丽的秋花了吗？当然不是。

秋天还有一些特定的病虫害需要我们注意，我家最容易发生的是蓟马，蓟马是一种肉眼很难看见的小虫，它会躲在月季的新芽里吸取汁液，当看到新芽出现难看的黑色斑纹和变形，多半就是蓟马在为害了。

消灭蓟马可用阿维菌素等杀虫剂，需要注意的是蓟马在晚上活动，所以打药的时间以黄昏为宜。

其他讨厌的虫害有毛毛虫，以及白粉虱，这两种害虫都很容易消灭，及时发现，及时打药即可。

蓟马

毛毛虫

运用 - 栅栏 - 搭配紫色铁线莲

另外，月季在夏季容易罹患黑斑病，有时秋天这些黑斑的叶子会提前飘落，最好能把这些病叶及时收拾，不要让病菌残留到土里。修剪时也要把剪掉的病叶收拾干净。

藤本月季 - 冰山

另外，藤本月季虽然不需要修剪，但如果长得太长，要绑扎一下避免被风吹断。

备注：本文由作者根据绿手指玫瑰大师丛书和本人经验编写而成，以长江流域的气候为准，其他地区的花友可以酌情变通。

常青玫瑰－纪念贾博士

欧洲月季维西利亚

洲月季格楚汉姆托马斯

扒一扒欧洲月季和中国月季的来历

图、文 / 药草花园

欧洲月季这个东西进入中国已经有不少日子了，但是到底什么是欧洲月季呢？这就需要从蔷薇科的历史讲起了。

一般我们种花不太管历史啊这些，我们喜欢讲技术、养护、修剪这些，今天为啥扒起家族历史呢？

这是因为它们的血统很大程度关系到未来的养护、修剪、造型，了解历史，才能正确地做好修剪和养护。

黄和平

欧洲月季杰乔伊

欧洲月季和中国月季的区别

我们最近常种的欧洲月季，其实它是来自中国的月季和欧洲的玫瑰之间的一个杂交种。也就是说欧洲的古典玫瑰是它的爸爸，而中国的月季是它妈妈。它是一个中欧混血儿。

而我们常说的中国月季，也就是红双喜、和平、杰乔伊这些也是和欧洲月季一样的中欧杂交种，只不过它们的诞生比欧洲月季早，也就是说它们是欧洲月季的哥哥姐姐。

中国月季和欧洲月季的正式名字都叫现代月季，它们爸妈一样，但是作为早期品种的姐姐中国月季长得像中国妈妈，而妹妹欧洲月季更像欧洲爸爸，性质上也大略如此。

欧洲十大古典月季品种

蔷薇属产自北半球，中国和欧洲都有原产。欧洲原产的有犬蔷薇，高卢蔷薇等，原种长得多半不好看。在雷杜得的《玫瑰圣经》，可以看到各种欧洲的原种。

最后人们选出了几种特别有特色的，也就是所谓的欧洲四大古典品种。

高卢玫瑰

拉丁名gallica，也叫法国蔷薇，这个品种的特点是红。它又叫红玫瑰，以前的欧洲人很喜欢这个品种，英国有个著名的贵族家族兰开斯特家就用它做家徽。还有些高卢玫瑰的颜色是紫红，发出紫蓝色的光泽，这个紫色在现代月季里在很难找到。

高卢玫瑰－黎塞留主教

大马士革玫瑰

提精油的大马士革玫瑰就是其中之一。它的特点是香。大马士革粉色的多，不那么红了。

阿尔巴

这个品种是白花，又叫白玫瑰，它的优点是耐寒，而且很美很仙，但是缺点是不耐热。

千叶玫瑰

也叫百叶蔷薇，千叶玫瑰和大马士

革差不多，但是它花瓣更多，所以含的精油也多，最早人们是因为它可以提到更多精油选育出的，但是后来发现它花瓣多，花型像个包子，太可爱了，就当作一种观赏品种特别开发下去。

千叶后来出了个变种叫苔藓玫瑰。这个东西的花蕾上有很多绒毛，绒毛最多的一个品种叫拿破仑羽冠，就像羽毛一样，非常奇葩。

欧洲的四大月季基本就是这四种了，这四大种我们中国基本都引进过，它们的特点是非常强健、耐旱，耐热也耐寒，开花也多。缺点是只有一季花。在中国月季传入之前欧洲的月季都是一季花的。

欧洲人自己把四大品种杂交，弄出了一些园艺种，有很多不错的花色，比如条纹花色，比如这个高卢玫瑰的条纹品种，非常美。

中国月季

中国的蔷薇属观赏植物有很多，中国人没有把它们像西方人那样收到一起叫 ROSE，而是各个种都分别起了单独的名字。

1. 玫瑰 *Rosa rugosa*

中国古典玫瑰

蔷薇属植物，据说在汉代就有栽培。最大特点是叶子厚，上有皱纹，多刺。花的颜色有红，粉，白。

这个品种在亚洲北部野生，中国山东地区就有大量野生种。

玫瑰自古以来就被当作观赏栽培，更因为食用价值而得到大量种植，可制作玫瑰花酱，玫瑰花饼，玫瑰花茶，玫瑰花馒头等。看起来，相比西方人的提炼香水香精的热情，中国人显然对吃更加执着。

在中国蔷薇属里玫瑰的地位一直略高于其他月季、木香、刺玫，我想第一是因为它原产于中原地区，被认识较早，另外食用价值也起了很大作用。

目前我国除了单瓣的野生玫瑰，食用玫瑰品种有平阴玫瑰，苦水玫瑰，丰花一号等。

2015 年殿堂玫瑰－鸡尾酒

中国月季－派克茶香

木香

原种中国月季

2. 中国月季

基本来自两个原生种：香水月季 *Rosa odorata* 和中国月季 *Rosa chinensis*。

香水月季的特点是植株大，花瓣外翻、翘角，颜色有黄、白、粉；中国月季的特点是植株小，花瓣外翻、翘角，花色有红、粉、白。

它们共同的特点是多次开花，不耐寒，而且比较娇弱。

这两个种原生于四川云南山区，进入中原文化圈的时间比原产于北方的玫瑰晚。月季因为花期长而受到欢迎，因此又名长春花。

中国从宋朝开始就有了月季品种的选育，到清朝已有了上百个品种，并有专门的月季花谱。

中国月季并不完全是现代月季，现代月季的血统中带有欧洲"四大"的血统，刚才我们也说过，如果说中国古老月季是现代月季之母，那么西方的"四大"是现代月季之父。

目前尚存的中国月季我们常叫它们中国古老月季，存世并不多，近年来得到一些发掘和保护，也被一些花友们热爱。常见品种有'月月红'、'月月粉'、'绿萼'，'春水绿波'、'屏东月季'等。

3. 木香

木香爬藤，颜色有黄白两种，最近出现一种玫瑰红色的。虽然品种不多，但是一直得到人们的热爱。

它的特点是藤子很大，一季花。

4. 蔷薇

　　中国传统的蔷薇来自几个原生种，最常见的是来自野蔷薇（*Rosa multiflora*）的白色单瓣品种'宿迁小白'、粉色重瓣'粉团蔷薇'，和白色重瓣'白玉堂'，以及来自光叶蔷薇（*Rosa wichurana*）的'迟花蔷薇'等。

　　后来中国的蔷薇与西方的玫瑰杂交，形成了爬蔓品系 Rambler Roses。

5. 此外还有荼蘼、宝相、荼薇、刺玫、金樱子、缫丝花等。

在 18~19 世纪西方的植物探索热潮中，来自中国的古老月季与西方的玫瑰品种相遇，并且产生了大量的杂交种，最初的杂交种叫做古典玫瑰，可以说这是这对爸爸妈妈的第一个女儿。然后到了二十世纪，产生了大量的杂交茶香月季，这是第二个女儿中国月季，最后，在 20 世纪末，三妹妹诞生了，她就是欧洲月季。

多花指甲兰

庭院深深兰花香

图、文 / 徐晔春

作者简介

徐晔春 研究员，现从事花卉文化及产业
经济研究。主编、参编著作 60 余部，发
表科普文章二百余篇。多项科技成果
获部、省、市奖励，兼任广东花卉杂志
社有限公司总经理。建有"花卉图片信
息网"（www.fpcn.net）等公益网站。

附生树干的兰花

2015 年春，因工作需要去西藏墨脱进行植物调查，一路上，走走
停停，随处可见数十米高大树的树干上附生了大量兰花，如双叶厚唇兰、
眼斑贝母兰、金石斛、独蒜兰等，有的一个树干上就有多种兰花共存。
在一些小路上，树上掉落的兰花也比比皆是，在这里，似乎没有了兰花
是珍稀植物的概念。将附生兰引入庭院，可有效利用空间，打造一个花
香满庭的"空中花园"。

△ 多花指甲兰 *Aerides rosea*

　　常绿，叶狭长圆形或带状，花序悬垂，密生许多花，花白色带紫色斑点，花色清新，姿态优雅，花开于少花的秋季。本种不耐寒，喜湿润及半阴，可附于庭院的树干或枯木上栽培，也可用桫椤板栽培悬于亭廊之处观赏。

▷ 香花指甲兰 *Aerides odorata*

　　常绿，叶厚宽带状，花序下垂，密生许多白色的小花，有时带粉红色，有芳香。花期5月。花色清幽，清香宜人，为优良的观赏兰花。用途同多花指甲兰。

火焰兰 *Renanthera coccinea*

　　常绿，为兰科少见的攀援植物，叶二列，花序大，有花多朵，火红色。花开时节，犹如火焰绽放于枝头，极为壮观。花期 4~6 月。喜高温，可在全光照下生活，可用于庭前的树干、山石、石壁等处栽培观赏。

云南火焰兰
Renanthera imschootiana

　　常绿，叶二列，花序具多花，中萼及花瓣黄色，唇瓣红色。喜高温，喜光照，花期春季。可用于庭前树干绿化。

华西蝴蝶兰 *Phalaenopsis wilsonii*

落叶，气生根发达，叶稍肉质，花序疏生 2~5 花，花白色至淡粉红色。花期 4~7 月。花小巧清秀，喜高温及半荫，可耐 0℃ 左右的低温，最宜布置庭前的山石及树干上，也可板植。

领带兰 *Bulbophyllum phalaenopsis*

常绿，假鳞茎卵状球形，叶大型，长带状，下垂，状似领带。花褐色，不甚开展。花期不定。喜高温高湿及半荫，不耐寒，越冬最好 10℃ 以上。可附于树干栽培。

海南钻喙兰 *Rhynchostylis gigantea*

常绿，叶二列，花序腋生，下垂，密生多花，花色因品种而异。花期 1~4 月。因花序极似狐尾，商家称为狐尾兰。喜高温及半荫环境。宜植于庭前树干或悬吊栽培。

拟万代兰 *Vandopsis gigantea*

常绿，叶二列，花序下垂，密生多花，花金黄色带红褐色斑点，肉质。本种叶片及花较大，有极高的园艺价值，喜高温及高湿及半荫环境，最宜植于大树树干之上观赏。

白芨

生长在地上的地生兰

地生兰是指植株生长在土壤中的一类兰，它的根系是伸展在土壤里面，即土生根，区别于那些可以依靠空气中的水分生长的兰。地生兰大多生长在树荫下、微有日光照射，土质松软，适合根系生长的地方，栽培一般在有树荫下的环境，空气湿度较高，土壤疏松排水好。

银带虾脊兰 *Calanthe argenteo-striata*

常绿，为常见栽培的虾脊兰，叶绿色，上具 5 ～ 6 条银灰色的条带，观赏性较佳。花开展，黄绿色，唇瓣白色。花期 4 ～ 5 月。适合片植或丛植于稍荫的小路边、水畔等处，也可植于岩隙处观赏。

白芨 *Bletilla striata*

落叶，叶片 4~6 枚，狭长圆形或披针形，新叶鲜绿，多花，紫红色或粉红色，极美丽，花期 4~5 月。可在全光照下栽培，耐寒性极好，最适庭院的水景边、灌丛前、小路边或丛植于岩隙处。

竹叶兰 *Arundina graminifolia*

常绿，因叶片似竹叶而得名，其叶纤细，柔软飘逸，每个花序着花 1 至数朵，小花粉红色或略带紫色，清新幽雅，花期主要为 9~11 月，在华南等地几乎全年可见花。本种也可在全光照下生长，喜湿润之地，也耐寒，宜植于栅栏前、水畔、墙边或园路边，片植或丛植均宜。

绥草 *Spiranthes sinensis*

　　落叶，本种为微博、微信上镜率
最高的兰花，叶片没有什么观赏价值，
但花序极为奇特，常呈螺旋状扭转，故
又名盘龙参，小花紫红色、粉红色或白
色，清新悦目。花期 4 ~ 8 月。我国各
地均有，耐寒也耐热，最宜植于庭院的
草地边缘或与山石为伍。

鹤顶兰 *Phaius tankervilliae*

落叶，叶长圆状披针形，花序大，花背面白色，里面暗赭色或棕色，为观赏价值较高的地生兰，本种开花性好，易栽培，有一定的耐寒性，最适合稍蔽荫的树下成片种植或丛植于水畔的阴湿处，极易形成景观效果。

香荚兰 *Vanilla planifolia*

常绿，为兰科少有的攀援草本，叶片鲜绿，花瓣黄绿色，观赏价值不高。花期春季。本种的果荚是提取高级食用香料的原料，喜热，不耐寒，最宜附于树干、墙柱生长，以中等光照为宜。

石仙桃

附于山石生长的兰花

在山野之中，细细观察石壁及石隙，往往会给你惊喜，一簇簇一片片的兰花可能就呈现在你的眼前，如独蒜兰、兜兰、密花石豆兰等，在观赏这些让山野充满灵性的兰花的同时也让你感叹大自然这个造物主的神奇。由于生境的原因，部分兰花引种困难，但有些种类通过驯化已栽培成功，可引入庭院装饰，让花香满园。

石仙桃 *Pholidota chinensis*

常绿，假鳞茎狭卵形，叶2枚，花序外弯，上面具20余朵白色的小花，清新雅致，花期4~5月。本种喜湿，以半日照为宜，可耐0℃左右的低温，适于长满青苔的山石栽培，也可用于庭前的树干或板植悬于亭廊观赏。

云南石仙桃 *Pholidota yunnanensis*

常绿，假鳞茎近圆柱状，顶端生2枚叶，花序具15~20朵白色或浅肉色的小花。花期5月，用途同石仙桃。

流苏贝母兰 *Coelogyne fimbriata*

常绿，假鳞茎狭卵形，顶生2枚叶，花序通常着花1朵，花淡黄色或近白色，唇瓣具流苏。花期秋季。可在强光下栽培，也耐半荫，花极为繁密，观赏性较高，最宜附于庭前岩石上栽培，也可附树种植。

梳帽卷瓣兰 *Bulbophyllum andersonii*

常绿，假鳞茎狭卵形，顶生1枚叶，花浅白色密布紫红色斑点，小花排列如扇，极具特点。花期2~10月。喜半荫，可耐0℃左右低温，宜附于生有苔藓的山石栽培。

密花石豆兰
Bulbophyllum odoratissimum

常绿，附生，假鳞茎近圆柱形，顶生1枚叶。花序伞状，密生10余朵小花，白色或橘黄色，花开时节，如星星点缀于株丛中，极为美丽。花期4~8月。宜附于稍蔽荫的长有苔藓的岩石上栽培，也可附树栽培或板植。

橙黄玉凤花 *Habenaria rhodocheila*

落叶，具块茎，下部具4~6枚叶，花序具2~10余朵花，唇瓣极大，橙黄色、橙红色或红色，因形态极似飞机，花友戏称为飞机兰。花期7~8月。本种有一定的抗过寒性，喜半荫及湿润环境，可植于覆土岩石上或地栽。

多花脆兰 *Acampe rigida*

常绿，叶二列，花序具多数花，花黄色带紫褐色横纹，具香气。花期8~9月。不耐寒，越冬不宜低于5℃，可附于山石、石壁或树干栽培。

碧玉兰 *Cymbidium lowianum*

常绿，叶5~7枚，带形，花序着花10~20朵，苹果绿色或黄绿色，唇瓣的中裂片上有深红色的锚形斑。花期4~5月。本种为著名的大花蕙兰的亲本之一，可耐0℃左右低温，适合庭院蔽荫的岩壁上或附树栽培。

薄荷炸天妇罗

图、文 / 王梓天

作者简介

王梓天，一位生活在城市中的年轻人，却一心向往塔莎奶奶式的田园生活，可以抛却一切，回归农田，专心与自己亲手种植的瓜果蔬菜、花花草草、各种小动物一起生活。已出版图书《小阳台 大园艺》《阳台蔬菜园艺——种植、美食、摄影》《FUN心玩香草》《香草系生活》。

天妇罗乍一听不知道的还以为是某一种海鲜，其实天妇罗是一类油炸食品的总称，最早起源于葡萄牙，人们把东西炸一炸直接吃或者蘸上酱料吃起来很方便。把它发扬光大的还是日本，所以我们现在提到的天妇罗反倒是日式的做法。几乎所有的食材包括蔬菜都可以做成天妇罗，以前在外面的路边摊看到有油炸香蕉的，猛一看还挺像黑暗料理，把香蕉裹上面粉鸡蛋液放入油里一炸就是炸香蕉，其实这也是一种天妇罗。

● 所需材料：大虾6~8只，面粉50克、鸡蛋1个、面包糠50克、黄酒1大勺，紫甘蓝少许做配菜用，小番茄、新鲜薄荷枝条3根、胡椒粉、盐1/2小勺

● 先把大虾洗净，然后把身体上的壳剥掉，在腹部划一刀，取出虾线。然后将背部朝上用刀按一下，这样做的目的是让虾的肉松开，油炸的时候不会弯曲。

● 剥好壳的虾倒入胡椒粉。

● 再加一点点的盐。

● 加入黄酒，用手把所有材料和虾拌匀，让它腌渍一会，半个小时就可以。

● 然后把紫甘蓝切成丝。

● 薄荷叶扯下,拌入紫甘蓝。

● 把腌好的虾放入面粉中滚上一滚。

● 再浸入到鸡蛋液中。

● 然后再裹上一层面包糠。

● 锅中倒入油，油温七成热的时候就可以开始炸虾了。

● 炸到虾体发红，面包糠变成金黄色的时候就可以了。

● 把小番茄剖开来，与紫甘蓝薄荷铺在盘子底部，然后上面放上炸好的天妇罗。

● 可以自己配一些喜欢的酱料蘸着吃，比如辣椒酱、番茄酱、蛋黄酱等，其实吃原味也是不错的。小番茄酸酸的口感非常适合与海鲜一起食用，同时也可以促进肠胃蠕动帮助消化，薄荷甘蓝则带来清爽的口感。

Lace Dreamcatcher

蕾丝捕梦网

| 我一直都说 |

寻一片山林吧，
将她们都带到那里去，
然后等一阵风吹，
静候那个迷路的人。

她们静立在山林中，
就像一个个身穿精致蕾丝衣裙，
挂着复古饰品的少女，
代表着一切的梦幻。

图 / lulu 文 / RanHsia

材料：圆环、蕾丝花片、蕾丝花边、羽毛、棉线
工具：剪刀、胶枪

注意：要先选择好自己喜欢的花片，然后按照花片尺寸选好合适尺寸的圆环，圆环最好比花片大些，这样才能绷紧让效果更好（若自己会勾花片的，可以根据圆环尺寸勾，我的花片是阿姨们现成勾好的，所以，我只能根据花片定制圆环）。

ABOUT LACE
蕾丝

这是一组以蕾丝花片为主的捕梦网作品。

说起主要材料之一的蕾丝花片，那应该是我妈妈那个年代，少女时就会做的女红，也是家家户户都会用上的物件，比如遮盖在电视机上方，茶几上，沙发上。可现在成了只有一些妈妈才会的一种温暖手工活，就像妈妈们织的毛衣一样。

我喜简风，但不妨碍对蕾丝的偏好，那是一种较为难以述说的少女情怀，手工捻纱线而编造的蕾丝更是能让人望见曾经的繁复之美，就像少女那千回百转的情愫。

摄影师 lulu 实现了我想要的画面。我很爱这组作品，虽然它本身与植物无关，却不能离开植物，因为只有在这样的山林间，她才是我想要使之成为的模样。

Step1

用蕾丝花边将铁环缠绕起来。

Step2

用棉线将准备好的花片与圆环按图中示意绕起来。

Step3

取一点做中心定好长度，按图中示意往环中绑扎棉线，然后按两侧渐短的原则同样添加棉线。

Step4

可以按照自己的创意，添加些不一样的东西。图中的捕梦网，我编了些长辫，也做了很多的流苏。

Step5

用胶枪挤出适量的胶在羽毛柄上。

Step6

按图示中，将棉线绕在羽毛柄端的胶上。

Step7

按照自己的喜好搭配羽毛，长短搭配运用。

做好的捕梦网可以悬挂在卧室的窗边，或者是玻璃花房内。还可以像我们图中一样悬挂多种蕾丝捕梦网，做户外婚礼的场景，将会是个非常梦幻的婚礼。

铁打的园子，流水的猫

图、文／玛格丽特－颜

每个种了花花草草的园子或许都受到过野猫的光顾吧，那些悄无声息、目光锐利、警惕性极高的猫科动物，常常不请自来，堂而皇之地成了主人，把叶子花茎压断揉松，随随便便地就当成了床，大中午地打着呼噜，靠得很近了，它才会眯缝着眼睛，漫不经心地瞅你一眼。

"娘娘"喜欢在工作室门口晒太阳，特别矜持有风度

这两年，来来往往的野猫数不清有多少只了

梦花源的园子很大，野猫就更多了，这两年，你来我往的，数不清有多少只了。有些猫，要不是还给它们拍过照片，都忘了它们曾经存在过了。就像生命中会遇到很多人，来过走过，交集有深有浅，感情有浓有淡，有的人也许会记住一辈子，也有的没过多久，甚至连名字都忘了。

曾经有只白猫，特别亲近人，你蹲下拍照，它就凑过来蹭你的脚，每次我都会纠结，终究还是没有接受它的示好，不多久，它就淡出了视线，不知道去了哪里。

还有一只深灰色的野猫，我们叫它"娘娘"，估计有纯种猫的血统，非常漂亮，有些高冷。认了门，总是在我们工作室门口晒太阳，太冷的时候也会躲到屋里暖和一下。它特别矜持有风度，只要我们露出不让它进屋的意思，它就乖乖地呆在门口。

我是个颜值控，会以貌取人，喜欢长得好看的花草，喜欢长得好看的人，见到长得好看的野猫也是没来由地就喜欢。娘娘算是一个，还有一个是"猫王"，一只漂亮的虎斑猫，它不喜欢接近人，目光犀利，走路都很霸气，我经常拍它，它也总是警惕着走开，带着傲气、风度翩翩。有一天，出去园子里拍照，突然看到不远处灌木丛中猫王一动不动，爪子底下赫然有一只黑水鸡，见我凑近拍照，

有些猫，只是偶尔经过，不几日便离开了

冬天，"娘娘"在巡视落满枫叶的花园

被救下的黑水鸡

它愤怒地瞪视，充满了杀气。几秒钟的对视后，对我的相机镜头终究有些忌惮，悻悻然放下爪下的猎物，很不情愿地离开了，没走多远，恶狠狠地回头，怒目看我。身姿形态像极了老虎，好帅啊！我还是一厢情愿地喜欢。

黑水鸡还是一只小鸡，它的爪子是鸭子那种脚蹼，经常在荷花池的水面上扑扑地乱跑，名副其实的铁掌水上漂。救下来的时候还活着，似乎没看到伤口，但是劫后余生，吓得瑟瑟发抖，站都站不起来。于是，带回了工作室。第二天它应该是养好了伤，不知什么时候偷偷地就飞走了，希望它不要再次被猫王逮住。

情商最高的是那只花猫"阿花"，长相一般，却情商极高，从怀孕前开始就经常光顾我们工作室，同事们都特别友善，经常主动买了猫粮放在门口。很快它就得寸进尺，经常不请自来，进到屋子，随便找个地方就做了窝。可是这里是上班的地方啊，当自己家了啊！"出去，给你提供猫粮是我们的底线了。"可是阿花却很厚脸皮，经常候在门口，尤其是下雨天，只要有人进出，门刚打开一条缝，它就迅速地钻了进来。后来，阿花生了5只小猫，在员工宿舍边的角落里。还没睁眼的小猫超级可爱，小老鼠一样拱在阿花的身边。好多同事都跑过去看。虽然也都蹑手蹑脚的，阿花却觉着不安全。几天后，它搬家了！

新家安置在我们的工作室，之前曾在咖啡桌下一个空纸箱里看到阿花的时候还纳闷了一下，怎么不管着自己的宝宝就出来乱跑呢？后来听到桌肚下小猫咪的叫声才发现不对。原来你是把我们的工作室当家了啊！仗着刚生了小猫咪，阿花终于正式登堂入室，还带着所有的小猫。不对，只有四只？不是生了五只的吗？小陈同学有些哀怨，他说："这个蠢猫，把小猫叼过来的时候，搞丢了一只，关键是到晚上了，它才发现不对，然后着急地出去找，到夜里12点也没回来。"小陈不敢锁门，小奶猫还都在屋子里呢，就在工作室里等啊等。

"猫王"悻悻然放下爪下的猎物，很不情愿地离开了

"阿花"极其耐心地给小猫咪们喂奶

于是，我们这个养着鸟、养着鱼、养着乌龟，收留过被遗弃的差点冻死的小狗，还有你来我往好几只野猫……这下子又多了5只猫！！！工作室要成动物园了吗？

还好，小猫会长大、离开，会开始自己的独立人生。很奇怪，猫和狗都是，不管之前有多么宠爱宝宝，遇到危险豁出命地护着。等小狗或小猫一断奶，立刻就六亲不认，你走你的阳关道，我走我的独木桥，之前的母子情深丁点儿就没有了啊。人却做不到，看着孩子渐渐长大，渐行渐远，落寞着牵挂着，这辈子都无法割舍。

阿花之前对几只小猫极端宠爱，任何人不能靠近，每天忍辱负重的、极其耐心地喂奶，不管姿势有多别扭，不管小猫在它身上趴上蹿下。一个多月后，小猫长大了，可以开始吃猫粮，偶尔阿花还会回来喂个奶，慢慢地越来越少见到它的身影了。到最后，它干脆不再出现了，就那么不负责任地就把几只小猫丢给了我们。还好，小猫都非常可爱，很快就都送出去了。

终于连它们的纸箱也丢掉了，工作室又清净了。却突然有些冷清。

花园里的狗大人

图、文 / 慕容楚楚

波波是只金毛，体型比较大，性格活泼外向

2011年我和家人终于赶在春节前搬到了在市郊自建的乡村小园，实现了多年想要归隐田园的梦想。当阴历二十八我还在年前工作收尾和准备年货的忙碌中焦头烂额时，我女儿用压岁钱买回了两只刚刚满月的金毛和边牧，看着满脸诧异的我，女儿未等我开口便振振有词地说："妈妈，你看我们家的院子专门给狗狗修建了那么漂亮的狗窝，可不能没有狗主人啊，我用压岁钱买两只狗狗正好和我们一起入住新房，还能给我们看家护院呢！"我本来有些生气她先斩后奏，听了她的一番歪理，尤其是看到那两个毛茸茸的小家伙怯怯地看着我，心里的些许不快便也烟消云散。于是在2011那个最忙碌的春节，我们和二只狗狗正式入住我们的乡村小院，而我老公也就正式成为了饲养员和铲屎官，鉴于自己在家里地位的直线下滑，老公无奈地尊称两只狗狗为我们家的二位"狗大人"。

相亲相爱的小伙伴

我们虽然常住乡村，可工作日依然要早出晚归，所以平时就二位狗大人在家里，房前屋后的花园和菜地就是它们的领地。波波是一只金毛狗，体型比较大，性格活泼外向，和什么人都见面熟，所以颇受周边邻居的喜爱。旺仔是一只边牧，典型的工作犬，聪明却警惕，常常是吃了邻居家的骨头还是一样和别人保持距离，而就是这样两只性格完全不同的狗狗却在朝夕相处的五年中成了最

作者简介

慕容楚楚　本名鄢榕，生于楚地，长于三峡。自幼喜拈花惹草，谋事于园林绿化。日出奔波于都市职场，日落归巢于城郊乡下。侍一亩三分花园，养一群鸡犬鱼鸭。晴则耕于花间，雨则静读廊下。闲时押花品茶，忙时汗如雨下，醉心建一花园，可供梦里寻花。

亲密的伙伴。每天早上我们会把狗粮分放在大小两个碗里，波波爱睡懒觉，每次都要叫上半天才过来，而旺仔每次总是趁波波不在就把大碗里的骨头抢先吃了再吃自己的，等波波慢条斯理走过来，即便旺仔在它碗里吃骨头，它也不争不抢，安静而怜爱地看着旺仔，等它折腾够了才老老实实在自己碗里去吃剩下的。我们一直以为波波的个性就是如此，直到有一天邻居家的一条大狗跑到院子里来偷吃它们的狗粮，波波义无反顾地和这只大狗厮打起来，那架势简直和动物世界的情敌对决一样你死我活，完全不是日常所见那副温柔的模样，我们恍然大悟，原来波波对旺仔的谦让真的是因为它知道它们是一家人。

尽忠职守的好保安

前不久，邻居家造房子要临时占用我们进出院子的通道，于是我只能将车子停在离院子有几十米的路边。邻居家动工的第二天下午我刚把车开到路边，邻居就站在路边示意我将车开进院子，我将车停好下来问邻居怎么回事，邻居说："你家的两个保安真是尽责，昨天晚上在路边一前一后给你守了一夜的车，波波守一会儿就跑回院子睡觉了，那个前几天脚受伤的旺仔就不停地跑到院子门口叫唤，把波波叫到路边和它一起守车。路上过一个人它们要叫唤半天，过一个摩托车又要叫唤半天，吵得我在临时工棚里一夜没睡，我把路给你收拾出来，你每天还是停到院子里，让我睡个安神觉。"我听到这里虽然心里对邻居满是愧疚，却真心被两个忠心的狗狗感动到了，这些年来正是它们每天尽职尽责的守护，如影随形的相伴才让我即使偶尔一个人在家也不觉得孤独和害怕。

波波和旺仔，性格完全不同的两只狗狗，却在朝夕相处的五年中，成了最好的伙伴

四季不同风景的花园，因为两只可爱的狗大人，变得生意盎然

争宠吃醋的小冤家

　　狗狗是散养，身上经常会沾到类似苍耳一类的东西，所以我们平时不让它们进到房间。有一天，女儿从学校回来和波波从院子里疯到了客厅，在一旁冷静观战的旺仔见到了很不服气，趁它们跑到院子时一口咬住波波的腿，死活拽着它不让靠近我女儿。波波大概也累了，顺势就睡在地上直喘粗气，我女儿怜惜地上去抚摸波波的头，旺仔就哼哼唧唧往女儿和波波中间一躺，摇头晃脑地求抚摸，把我女儿挤了一个屁股蹲，三个小东西就在院子里疯成了一团。晚上，我正在看书突然发现门后有一团黑乎乎的东西在动，我再仔细一看原来是旺仔将头和身子躲在门背后，尾巴露在了外面，以为别人都看不到它，在那里悠然自得摇着尾巴。我故意喊了一声旺仔的名字，却见尾巴突然停止了摆动，我装作没看到它，继续喊它的名字，它仍一动不动窝在门背后，可能是想浑水摸鱼在房间待一个晚上呢。看到它那个顾头不顾腚的样子，我笑得都快岔气了，直到我站在它身后笑了好久它才发现自己的阴谋被发现，于是极不情愿也极不好意思地慢慢溜出了房间。我想一直很守规矩的旺仔一定是看波波白天进了客厅，以为今天可以破回规矩呢，谁知道自己的小阴谋这么快就被识破了。

　　五年了，院子越来越有模样了，四季里的不同风景都因为有了两个可爱的狗大人而更加生意盎然，我知道我种的花会年复一年开得越来越好，可已经快六岁的狗狗和我们相伴的快乐时光却会越来越少，所以我想要记录下我和它们在花园里的点滴故事，组成我们花园时光的美好记忆。

假装在法国
图／玛格丽特-颜　文／昂昂

甘肃金昌花海攻略

其实玛格丽特喊我同去的时候，我心里是有点犹豫的。上网搜罗了一下机票的价格，同价位的，可以去海岛之类的景点玩几天了。但是当我拿到金昌旅游宣传册的一刹那，就果断把机票定了。

紫金苑柳叶马鞭草的花海

金川科技馆

金川植物园

第一天（7月29日）：金昌初印象

金川科技馆、金川植物园、牵手林、夜探紫金苑

原本以为到金昌下午5点多，应该会天黑了，可是因为时差的关系，下飞机你会以为还只有下午3点。因为还早，我们抵达了金昌行的第一站：金川科技馆。

都说到一个地方旅行，要先知道它的历史，那样感情就不一样了。

是的，金昌这个城市，还被称为祖国的"镍都"，一座建立在丰富地质矿藏上的城市，50万人口，大部分人都是金川公司的员工，从刚开始的艰苦生活，到一代代人打拼建设到现在的先进条件，参观科技馆的同时，也是对那些年代的回顾与尊敬。哦对了，除了金川公司的历史与冶金术，不得不提下科技馆里面的各类矿物质标本。这个科技馆，简直就是学地理、化学等理科生的天堂。很多当年在课堂上听过的各类原石或者化学合成物，在这个科技馆都可以找到。

将近晚上7点，当然，天依旧还是很亮，我们去往科技馆一墙之隔的热带植物馆，也是金川集团自己的。与其说是植物馆，不如说是金川集团的后花园。金川集团造园的初衷是："因为集团很多退休职工没机会去南方看到这些热带植物，所以我们造了一个！"看来这家公司的福利真的很好！

7 种天然蔬果汁，搭配出 12 种不同口味和造型的七彩饺子宴

永昌绵绵无际的花海，远处是 7 月依然盛开的油菜花田

作为吃货的我，最期待的部分，西部美食来啦！

金昌特有的七彩饺子宴。

饺子宴需要提前一天预订，7 种蔬果的汁水，搭配出 12 种不同的造型和口味。纯天然，不是乱七八糟的色素勾兑来的。有大家知道的菠菜汁、番茄汁、南瓜汁，也有大家想不到的火龙果汁、红甜椒汁和锁阳粉。吃完发现已经到了晚 8 点多，居然太阳还没有下山。你以为就这么回宾馆啦？

其实这个时候是去牵手林的最佳时间。

车子一路开过去，发现路边有很多人在洗车，不禁纳闷——这地方不是很缺水么？好奢侈，都在洗车，还不要收费！

原来这是金昌政府想出来的节水点子：市民可以免费打水洗车，但是不能用洗涤剂，洗车后的水，流进牵手林，继续利用做灌溉。

在金昌，节水的概念用到极致！

晚上 9 点半，天终于全黑了，可是一行人已经等不及去紫金苑了。晚上的紫金苑，到处弥漫着花香，第一次发现原来柳叶马鞭草也有这样迷人的香味。紫金苑旁还有一处利用过去的校舍做的展示馆，带着年代的痕迹，非常有特色，还吃到了金昌的西瓜、蜜瓜，这里的瓜果不比新疆和北海道的差哦。

晚 22 点，入住金昌宾馆

旅游氛围浓到连迎宾和服务人员的服装都是紫色系的。

矢车菊

茼蒿菊

万寿菊

紫金花海不止是紫色的薰衣草和柳叶马鞭草，还有蓝色的矢车菊，金色的万寿菊……在茫茫大西北，看到花儿，更多是感动

第二天（7月30日）：花海的惊喜
紫金苑、永昌花海

早6：00到达紫金苑（主花：柳叶马鞭草，占地面积：750亩）。

最期待的部分来了，为了避开人流，为了抢拍摄时间，我们选择6点日出前到达，太阳落得晚，可是起的却很早。然后，我只能不断的哇哇哇了！后来大家打趣说，这个景点的小名，就叫小哇！也就是上面这张照片，发到圈子里，标题就是"假装在法国"。

因为起得太早，回酒店简单早餐后，继续出发去永昌看花海。其实去过西北的人都知道，在西北，用心找的话，到处都能看到野花。虽然缺水，但是有着旺盛生命力的植物，总能在这片荒漠找到水源。所以，去花海的路上，我们其实已经在一路欣赏了。农家自种的大片的油菜花，大片的向日葵，大片的茼蒿....大片大片的金色，亮得晃眼！还有蓝紫色系列的琉璃苣，矢车菊。居然还有野生铁线莲，让所有人惊呆的是，这个铁线莲是黄色的，而且有奶油蛋糕的味道！

碧蓝的天，远处的山，近处的花海，突然感觉自己这一刻是富足的。

中午 12：30，抵达清凉农家就餐。

我们去的时候，室外是 39℃ 的高温，可是，在农家的屋子里，不开空调，没有电扇，室内外温差有将近 15℃。真是中国东部地区人民暑假纳凉好去处啦。

有嫩得不行的牛犊子肉、入口即化的黄豆粉、还有蒸土豆、馍馍。这里的农家乐，别有特色，墙上的五星红旗照片竟然是用辣椒做成的。

13：45 稍作休息，去往马踏泉、古城骊靬和金山寺。

马踏泉吸引我的地方是湿地，以及泉水的清凉。

骊靬古城，其实和很多地方一样，都在人造，无奈，但是必须。不过看到那个罗马造型的殿堂，以后肯定又是不错的西部影视城。

但吸引我的是远方那条路，路的那头是什么？答案是：18 千米以外的祁连山脉。祁连山脉是徒步花友的天堂，满山谷的野花和金昌特有的植物物种。

再回到宾馆，已经是晚上 9 点，其实还是想再去一趟紫金苑的。

熄灯前忘记说件事情了：永昌的手抓羊肉、羊肉炒圈子……都太好吃，不好意思，就这么吃撑了！

TIPS

机票篇

北京到金昌有直达的飞机。上海武汉等地需要到兰州转机。兰州 - 金昌的机票，现在的旺季含税也只要 300 多一张。现在暂时每天只有一趟飞往金昌的飞机，飞行时间 1 小时不到。如果不坐飞机，您可以选择从兰州做大巴或者火车，大概 3~4 小时。

食物篇

大口吃肉，大口喝酒，可能会造成肠胃不适，建议带上肠胃类药。

防晒补水篇

在机场就遇到晒得黑白分明的人，还以为是穿了有两种颜色的长筒袜。海拔 1800 多米，完全晴天模式，没有一丝云彩，紫外线强烈。建议带上长裤，防晒品。多带几张补水面膜。

永昌

市民休闲园里，绿树成荫

第三天：金昌的未来
——金昌植物园，十里花海，永昌园

早8点，既然是花友的旅行，我们第三天还是以看花为主。早上开完交流会，又去参观了隔天夜朦胧中没看清的金昌植物园，烈日下各种花儿，美丽着西北独有的姿态。植物园还在建设中，却没有围闭，市民已经可以进入参观，看到了辛苦的景观工人在挥汗如雨。

随后，出发去十里花海。

主花：万寿菊，面积：沿路5千米

满眼的橙黄，看不到尽头的橙黄！这里的万寿菊，主要是用于提炼食用色素，高原的气候，让花色更为金黄灿烂。

中午1点，午餐：永昌园

这回轮到了羊羔肉，好吃极了！然而用玛格丽特的话来说，"这几天，有点吃不动了"。金昌这几天气温高达38℃，然而在永昌的市民休闲园里的树荫下，却丝毫感觉不到炎热，很多市民在这里纳凉、烧烤、打牌荡秋千，还有个文艺小哥在弹吉他！

中午2点，结束午餐，赶往机场。

可是，同行的几人已经埋下了"定要再来一次"的种子！

瑞尼尔 *Rainier*

——人间天堂雨人山 图、文/阿微

这个景区的美在于它有众多漂亮的湖泊，在群山浓荫的环绕中，像极了镶嵌在密林中的绿宝石

作者简介

阿微 现居西雅图的上海人。职业：软件工程师；爱好：园艺和旅行。想做的事：省时省力地打造一个美丽家园，花很多时间去看上帝创造的大花园。

　　华盛顿州有一个著名的地标雨人山 (Mountain Rainier)，位于西雅图东南方 87 千米处，是卡斯卡特（Cascade）火山群里的一座。雨人山峰海拔 4400 米，常年冰雪覆盖，其雪容量在全美众多的雪山峰中居首，灌注着六条大河。天空晴朗的时候，从西雅图的高楼和大桥上都可以望见她，薄薄半透明的一片，如冰美人。不过，冰清玉洁的雨人山顶有一个至今冒着热气的火山口，她其实是一座真正的活火山呢！

　　早在 1792 年，英国海军船长乔治温哥华来到这一带，用他朋友的名字命名了好几座山，Rainier 便是其中之一。中文有两种翻译，意译叫雨人山，或音译叫瑞尼尔山。西雅图华人还给她起了个别名叫"雷妞儿"。

　　雨人山于 1890 年被创建成国家公园，华州共有三个国家公园，六年前我们搬来这里，陆续去了奥林匹克和卡斯卡特，却唯独把雨人山留在了最后。原因就是，雨人山的野花太有名了，总是想在夏天花季的高峰时节去，又总是错过。于是等啊等，

倒影湖（Reflections Lake），这是雨人山最热门的摄影地，无风的时候水静如镜，雨人山峰在水面的倒影美得叫人窒息

一直等到今年夏天，终于和朋友们约好了时间去爬山赏花。

雨人山国家公园占地 5500 平方公里，辟有五个风景区，其中最著名是天堂区（Paradise）和日出区 (Sunrise)。我们计划先去比较近的日出景区，然后在附近的水晶山住一晚，第二天去野花最壮观的天堂景区。

周六早晨驱车一个半小时，日出景区就到了。这个景区的美在于它有众多漂亮的湖泊，在群山浓荫的环绕中，像极了镶嵌在密林中的绿宝石。时节好的时候，湖边野花点点，雨人山峰若隐若现，当是美妙至极。可惜我们去的时候，那里的花季已近尾声，多云的天空里，连雨人峰也不见了踪影。但即便是这样，那美丽的湖景让人流连忘返！

景区内有好几条难度不一的 Trail（步道），按落差和长度分等级。我们先走了最短的一条道去缇泊松湖（Tipsoo Lake）然后选择了中等难度的道去冻湖（Frozen Lake）和日出湖（Sunrise Lake）。每一个湖都有独特之处，环湖观望，心醉不已。

这个季节的雨人山，简直是花的海洋，空气里弥漫着犹如茉莉花茶一般的香气，远处有俊秀的群山衬托，无怪乎这里被叫做"paradise"，这里真的是人间的天堂

雨人山上的常绿树木，瘦高而坚挺，是我不曾看见过的，非常喜欢。回家后查了才知道这是亚高山冷杉（Subalpine Fir）。每次出游，认识几样新的植物，也是一个欣喜的收获。

晚间来到不远的水晶山度假村（Crystal Mountain Resort），晚餐住宿。水晶山也是雨人山公园的一个峰，冬天是个滑雪胜地。夏天的傍晚可以坐缆车到山顶，在山顶饭店里晚餐观日落，但是这个项目需要提前很多天预定的。

第二天早晨，万里晴空，一个看风景的大好天气。从水晶山到天堂区有一个半小时的车程，大家早早地出发了。路上遇见一个威武的摩托车队，所有的坐骑不是哈雷便是宝马。征得一辆哈雷主人的同意，我们几个女人争相和美车留了影。

途经倒影湖（Reflections Lake），这是雨人山最热门的摄影地，无风的时候水静如镜，雨人山峰在水面的倒影美得叫人窒息。晚霞映照时，水天一色玫瑰红，那景像摄入镜头，便是一张绝伦的美图。不过我们的运气没有这么好，水上荡漾着细

日出区停车场的木屋，有餐厅和礼品店

细的波纹，倒影也就芳踪难觅。但是有了雨人山做背景，无影无霞的倒影湖依然美轮美奂。

　　这样走走停停，等我们来到天堂景区已经是中午时分。弃了远的一个有空位的停车场，发现近的一个早满了，再往前就发现这是一个单行道，除非再开个大圈就回不来了。路边泊满了车，一直到有空隙的地方，已经离景区口老远了。停好车一行人吭哧吭哧地往回走了十多分钟，下次再来一定要早些到！

　　在天堂木屋吃饭商量走哪个 Trail, 问服务人员哪条道还能看到野花？得到的答案是，哪条道都有野花！要想看大片的野花又不想累着的走 Alta Vista。大家都想走容易的道，只有一位爬山健将，想去走难度系数最高的 Skyline。

　　两条 Trail 始于同一入口，进去不久，前头豁然开朗，大片开阔的草地——不，是野花地——映入眼帘！大家欢呼起来，没想到会有这么多这么多的野花啊！我举着相机咔嚓咔嚓照个

雨人山上的常绿树木，瘦高而坚挺，是我不曾看见过的，非常喜欢。回家后查了才知道这是亚高山冷杉（Subalpine Fir）

没完，老公说你省着点，后面的会更好！果然，野花越来越多，刚开始只是蓝色的矮种羽扇豆和一种叫 American Bistort 的白色花，往后颜色就越来越丰富了，红色的欧石南和画笔草格外鲜艳……

又走了一程，两条 Trail 的分叉口到了，这时恰好遇见了另一家朋友，他们上大学的女儿也执意要单独去走 Skyline，于是一老一少两个登山女将搭档同往，与我们挥手告别。

我不知道走 Skyline 到底有多难，脚下这条 Alta Vista 就够累人的了，一直都在拾阶而上啊。回头望时，一望无际的野花地从脚下延伸开去，我们是真的在花的海洋里了！这是怎样的一个花海啊，空气里弥漫着犹如茉莉花茶一般的香气，远处有俊秀的群山衬托，美丽的雨人峰在云层里时隐时现……当年乔治的女儿走到这里，展开了双臂叫道："This is a paradise!" Paradise 之名由此而来，这里真的是人间的天堂！

TIPS

雨人山上的野花季，在每年的七月底至八月中。从西雅图去雨人山的天堂区，单程 2.5 小时，一天可以来回。开车路线如下：

Drive south on I-5 to Puyallup – Exit 127 Follow Hwy 512 toward Puyallup. Take Hwy 7 south to Elbe and Hwy 706 to Ashford and into the park at the Nisqually (west) entrance. Drive to Longmire, Paradise, then continue east thru the park to Ohanapecosh. Take Hwy 123 north to Enumclaw, then go north on Hwy 169 toRenton, and west on I-405 back to I-5 north into Seattle.

天堂区停车不易，建议早晨十点半之前到。

公园里观野花的 Trail 有十来条，这里有个网址介绍得比较详细：

http://www.visitrainier.com

公园门票是每辆车 $15，7 天内有效。

欢迎光临花园时光系列书店

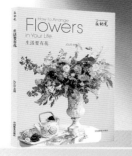    

扫描二维码了解更多花园时光系列图书

购书电话：010-83143594